Carlos Alcívar Trejo
Juan Tarquino Calderón Cisneros

La delincuencia en la ciudad de Guayaquil, un análisis espacial

AF 153796

Carlos Alcívar Trejo
Juan Tarquino Calderón Cisneros

La delincuencia en la ciudad de Guayaquil, un análisis espacial

Dictus Publishing

Cover image: www.ingimage.com

Publisher:
Dictus Publishing
is a trademark of
Dodo Books Indian Ocean Ltd., member of the OmniScriptum S.R.L Publishing group
str. A.Russo 15, of. 61, Chisinau-2068, Republic of Moldova Europe
Printed at: see last page
ISBN: 978-3-8473-8916-3

La Delincuencia en la Ciudad de Guayaquil, un Análisis Espacial de su Distribución por Delito

Autores: MSC. Juan Calderón Cisneros

MDC. Carlos Alcívar Trejo

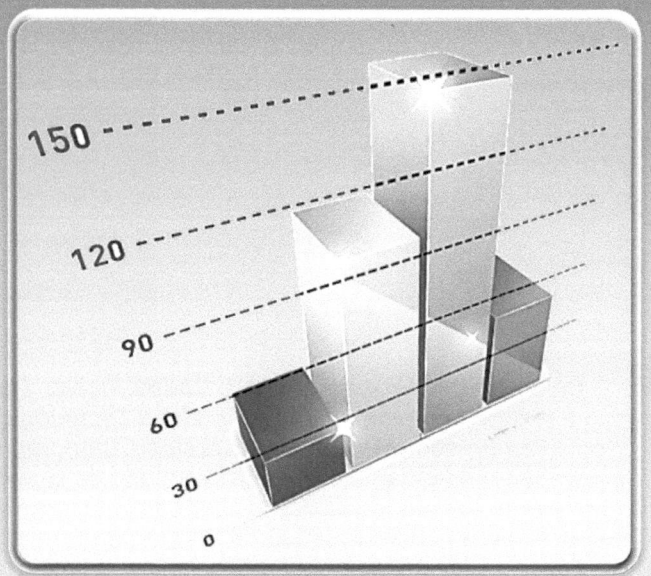

La Delincuencia en la Ciudad de Guayaquil, un Análisis Espacial de su Distribución por Delito

Ing. Juan T. Calderón Cisneros.Msc [1], Abg. Carlos Alcívar Trejo. M.D.C.[2],
[2]Catedrático a tiempo completo de la Universidad Tecnológica ECOTEC.
[1] Catedrático a tiempo completo de la Universidad Tecnológica ECOTEC
[2]Catedrático medio tiempo de la Universidad de Guayaquil
[1]Catedrático medio tiempo de la Universidad de Guayaquil (FACSO) y
Asesor Estadístico Informático de Empresas, Guayaquil,
Ecuador,[1]jcalderon@universidadecotec.edu.ec,[2]
calcivar@universidadecotec.edu.ec

DEDICATORIA

A DIOS por todas sus bendiciones.

A LUIS TARQUINO CALDERÓN INCA (+) Y OLGA CISNEROS CORDERO. Padre y Madre de Juan Calderón, por sus enseñanzas y sabidurías impartidas.

A Luis Calderón Cisneros, Hermano de Juan Calderón Cisneros, por su lucha constante y superación diaria.

A IRMA TREJO MAZÓN (+). Madre de Carlos Alcívar Trejo. Por sus enseñanzas, bendiciones y su aguante en vida.

A dos Grandes hermanos como Arq. Julio Cortés Maya y él Lcdo. Ernesto Roca Pacheco. M.E.A. quienes con su apoyo y enseñanzas hemos realizado este proyecto.

A la Universidad Ecotec. Guayaquil Ecuador, por todo el apoyo, respaldo y oportunidades del crecimiento profesional para lograr tan anhelado proyecto hecho realidad.

A todos los que de alguna manera aportaron, creyeron en realizar posible este proyecto.

GRACIAS TOTALES.

AB. Carlos Alcívar Trejo. M.D.C.

Ing. Juan Tarquino Calderón Cisneros. M.S.C.

INDICE

Resumen:

En el presente trabajo se hace un análisis espacial de la distribución de la delincuencia en Guayaquil, mediante el uso de técnicas geoestadisticas. En el análisis espacial se determinan modelos teóricos de ajustes de los variogramas con el objetivo de estudiar los tipos de delitos que se distribuyen en cuatro jefaturas o departamentos dentro del sistema de la Policía Judicial del Guayas que son; delitos contra la propiedad, delitos a la administración y fe pública, vehículos y delitos contra las personas. Con la aplicación de los métodos geoestadísticos se puede obtener unos mapas de estimación y de la varianza con este se determinan los lugares donde se concentran la mayor incidencia de delitos en la ciudad de Guayaquil.

Summary: In the present work is a spatial analysis of the distribution of crime in Guayaquil, through the use of geostatistical techniques. Spatial analysis identifies theoretical models of adjustments of the variograms aiming to study the types of crimes that are distributed in four headquarters or departments within the Judicial Police of Guayas system which are; offences against property, offences to the Administration and public faith, vehicles and crimes against persons. With the application of methods geostatistical you can get maps and estimation of variance with this determine the places where are concentrated the highest incidence of crime in the city of Guayaquil.

Palabras Claves: variogramas, krigeado, Georeferencia.

INTRODUCCIÓN

Hace unos 15.000 años[1] en las paredes de las cuevas de Lascaux (Francia) los hombres de Cro-Magnon pintaban en las paredes los animales que cazaban, asociando estos dibujos con trazas lineales que, se cree, cuadraban con las rutas de migración de esas especies. [2] Si bien este ejemplo es simplista en comparación con las tecnologías modernas, estos antecedentes tempranos imitan a dos elementos de los Sistemas de Información Geográfica modernos: una imagen asociada con un atributo de información. [3]

Los cambios de la política en el ecuador en estos últimos 20 años dan como conclusión una   razón que   tienden a degenerar la sociedad en la que se desenvuelven pues apelan al alcohol u otras drogas así como la delincuencia.

Una causa muy fuerte es la migración como factor que se ha incrementado sustantivamente en las últimas décadas, lo que ha significado serios estragos al tejido social, sobre todo por el abandono del país de miles de hombres y mujeres que dejan, no sólo el país sino también su ciudad, su barrio, su comunidad, sus hogares con niños y mujeres que sufren la consecuencia de la soledad el abandono.[4]

---

1 Lascaux Cave». Ministerio de Cultura francés. Consultado el 13-02-2008.
2 Curtis, Gregory. The Cave Painters: Probing the Mysteries of the World's First Artists. NY, USA: Knopf. ISBN 1-4000-4348-4.
3 Dr David Whitehouse. «Ice Age star map discovered». BBC. Consultado el 09-06-2007.
4 http://www.slideshare.net/hazandres/indice-tesis-sobre-migracion-andres-haz1

Capítulo I: El Desempleo en el Ecuador.

1. 1. Evaluación y porcentajes del INEC en el 2013.

El desempleo urbano en Ecuador se ubicó en 4,57% en septiembre de 2013 frente al 4,63% del mismo mes del año anterior, según datos publicados hoy 16 de octubre del 2013 por el Instituto Nacional de Estadística y Censos (INEC). Según el INEC, el subempleo en el área urbana llegó a 42,69% en comparación con el 41,88% de septiembre del año pasado. Asimismo, la ocupación plena se ubicó en 50,53% versus el 51,48% de septiembre del 2012. La encuesta revela que aproximadamente 8 de cada 10 empleos en el área urbana son generados por el sector privado, tendencia que se ha mantenido en los últimos años. La pobreza urbana en septiembre del 2013 afectó el 15,74% de la población, es decir, de cada 100 habitantes 16 son pobres, cifra similar a la registrada un año antes. Mientras que la extrema pobreza urbana se ubicó en 4,08% frente al 4,68% del mismo mes del 2012.[5]

---

[5] http://www.elcomercio.com.ec/negocios/Desempleo-Ecuador-septiembre-INEC_0_1012098884.html

| Gráfico 1 | Gráfico 2 |

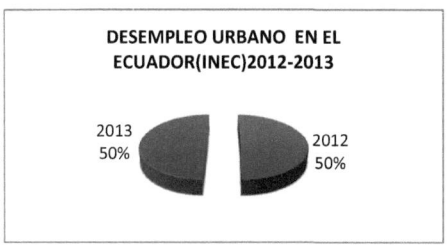

Gráfico 1

DESEMPLEO URBANO EN EL
ECUADOR(INEC)2012-2013

2013 50%   2012 50%

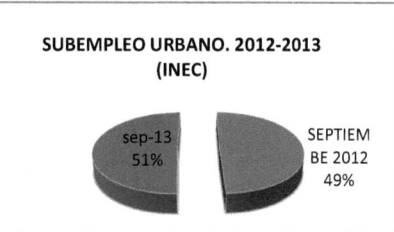

Gráfico 2

SUBEMPLEO URBANO. 2012-2013
(INEC)

sep-13 51%   SEPTIEM BE 2012 49%

(FUENTE: INEC)

Gráfico 3   Gráfico 4

OCUPACIÓN PLENA

SEP.2013 50%   sep-12 50%

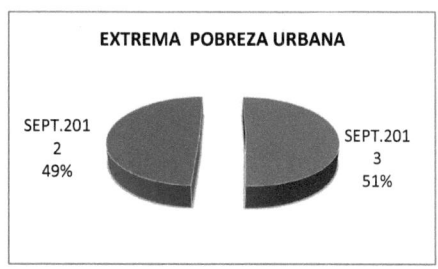

EXTREMA POBREZA URBANA

SEPT.201 2 49%   SEPT.201 3 51%

(FUENTE INEC)

Tabla 1
ECUADOR - TASA DE DESEMPLEO

REAL	ANTERIOR	MAYOR	MENOR	PRONÓSTICO	FECHAS	UNIDAD	FRECUENCIA
4.86	4.60	12.05	4.60	4.30 | 2013/12	2003 - 2013	POR CIENTO	TRIMESTRAL

El coeficiente de GINI, índice que mide la desigualdad de los ingresos entre la población, en un intervalo de 0 a 1 (el 0 corresponde a la perfecta igualdad), actualmente se sitúa en 0,46 en zonas urbanas.[6] En septiembre 2013, la línea de pobreza se ubicó en 2,57 dólares per cápita diarios. Los

---

6   http://www.inec.gob.ec/inec/index.php?option=com_content&view=article&id=637:desempleo-urbano-en-ecuador-se-ubica-en-457-en-septiembre-de-2013&catid=68:boletines&Itemid=51&lang=es

individuos cuyo ingreso per cápita es menor a la línea de pobreza son considerados pobres.

Gráfico 5

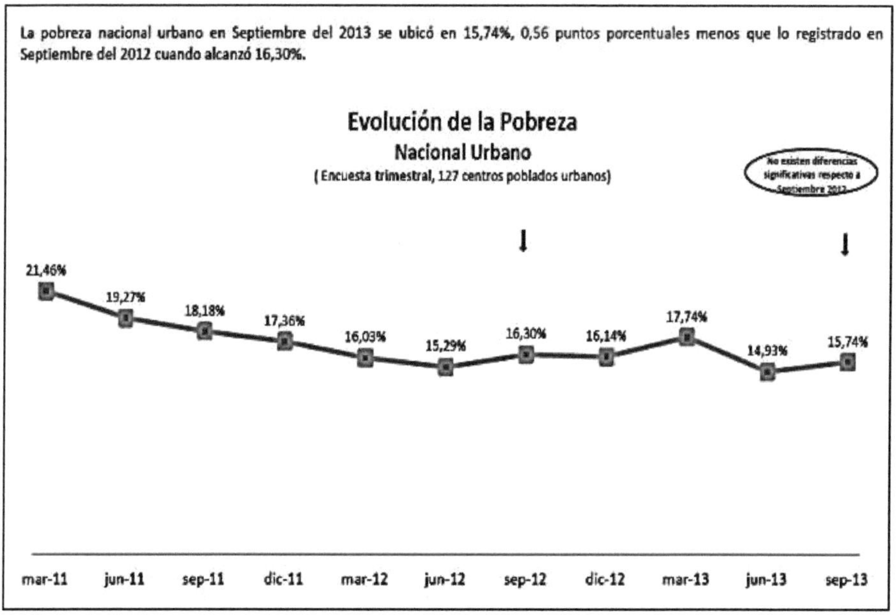

La pobreza nacional urbano en Septiembre del 2013 se ubicó en 15,74%, 0,56 puntos porcentuales menos que lo registrado en Septiembre del 2012 cuando alcanzó 16,30%.

Evolución de la Pobreza
Nacional Urbano
(Encuesta trimestral, 127 centros poblados urbanos)

No existen diferencias significativas respecto a Septiembre 2012

21,46%
19,27%
18,18%
17,36%
16,03%
15,29%
16,30%
16,14%
17,74%
14,93%
15,74%

| mar-11 | jun-11 | sep-11 | dic-11 | mar-12 | jun-12 | sep-12 | dic-12 | mar-13 | jun-13 | sep-13 |

Fuente y Elaborado por: Encuesta Nacional de Empleo Desempleo y Subempleo-INEC

1.1.1. Causas del Desempleo

El desempleo es el ocio involuntario de una persona que desea encontrar trabajo, esta afirmación común a la que se llega puede deberse a varias causas. Cuando existe un descenso temporal que experimenta el crecimiento económico caracterizado por la disminución de la demanda, de la inversión y de la productividad y por el aumento de la inflación. La actividad económica tiene un comportamiento cíclico, de forma que los períodos de auge en la economía van seguidos de una recesión o desaceleración del crecimiento. [7]

1.1.2. Pobreza en nuestro país.

La pobreza es un fenómeno que tiene muchas dimensiones, por lo que no existe una única manera de definirla, la mayor parte de las veces, la pobreza se ha definido como la incapacidad de una familia de cubrir con su gasto familiar una canasta básica de subsistencia. Este enfoque metodológico clasifica a las personas como pobres o no pobres. Similarmente, en el caso de que el gasto familiar no logre cubrir los requerimientos de una canasta alimentaria, se identifica a la familia como pobre extrema.

[7] http://www.inec.gob.ec/inec/index.php?option=com_content&view=article&id=637:desempleo-urbano-en-ecuador-se-ubica-en-457-en-septiembre-de-2013&catid=68:boletines&Itemid=51&lang=es

Gráfico 6

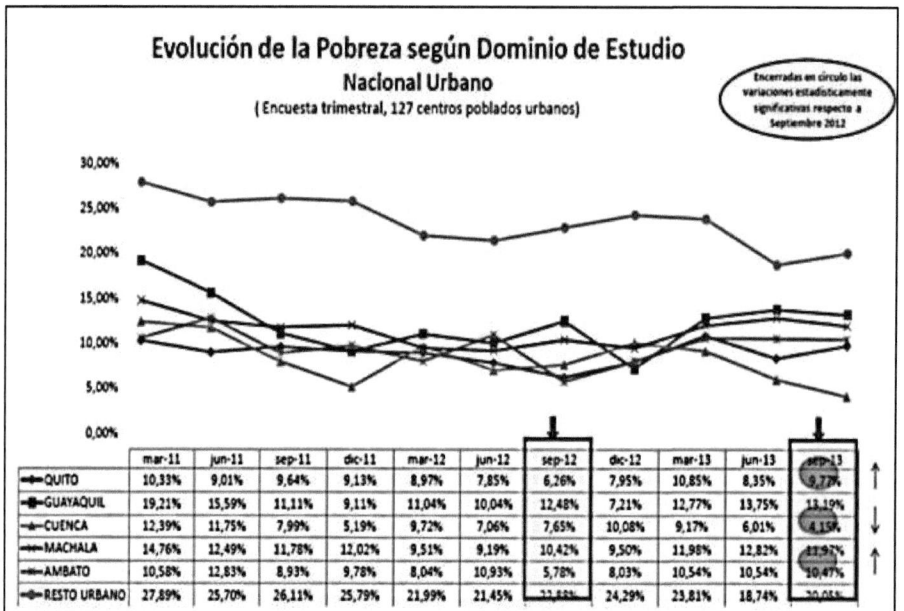

Evolución de la Pobreza según Dominio de Estudio
Nacional Urbano
(Encuesta trimestral, 127 centros poblados urbanos)

Encerradas en círculo las variaciones estadísticamente significativas respecto a Septiembre 2012

	mar-11	jun-11	sep-11	dic-11	mar-12	jun-12	sep-12	dic-12	mar-13	jun-13	sep-13
QUITO	10,33%	9,01%	9,64%	9,13%	8,97%	7,85%	6,26%	7,95%	10,85%	8,35%	9,77%
GUAYAQUIL	19,21%	15,59%	11,11%	9,11%	11,04%	10,04%	12,48%	7,21%	12,77%	13,75%	13,19%
CUENCA	12,39%	11,75%	7,99%	5,19%	9,72%	7,06%	7,65%	10,08%	9,17%	6,01%	4,15%
MACHALA	14,76%	12,49%	11,78%	12,02%	9,51%	9,19%	10,42%	9,50%	11,98%	12,82%	11,97%
AMBATO	10,58%	12,83%	8,93%	9,78%	8,04%	10,93%	5,78%	8,03%	10,54%	10,54%	10,47%
RESTO URBANO	27,89%	25,70%	26,11%	25,79%	21,99%	21,45%	22,88%	24,29%	23,81%	18,74%	20,05%

Fuente y Elaborado por: Encuesta Nacional de Empleo Desempleo y Subempleo-INEC

Cuando en ciertas regiones o industrias donde la demanda de mano de obra fluctúa dependiendo de la época del año en que se encuentren.

Cuando se dan cambios en la estructura de la economía, como aumentos de la demanda de mano de obra en unas industrias y disminuciones en otras, que impide que la oferta de empleo se ajuste a la velocidad que debería.

Adicionalmente esta situación se puede dar en determinadas zonas geográficas y por la implantación de nuevas tecnologías que sustituyen a la mano de obra.

Cuando por causas ajenas a la voluntad del trabajador impide su incorporación al mundo laboral.

1.1.3. Efectos del Desempleo.

Efectos Económicos.- El desempleo impone un costo en la economía como un todo, debido a que se producen menos bienes y servicios. Cuando la economía no genera suficientes empleos para contratar a aquellos trabajadores que están dispuestos y en posibilidades de trabajar, ese servicio de la mano de obra desempleada se pierde para siempre. [8]

En un sistema económico, uno de los factores fundamentales es el suministro de recursos humanos (trabajo), la actividad productiva: unidades familiares que incluyen a todos los individuos que, directa o indirectamente, participan de las actividades productivas y consumen los bienes y servicios finales elaborados y las unidades de producción que están representadas por las empresas y son las encargadas de dinamizar la actividad económica de un país.

---

[8] Acosta, A. (2010). *Análisis de coyuntura: una lectura de los principales componentes económicos, políticos y sociales de Ecuador durante el año 2009.* Flacso-Sede Ecuador. Acosta,

Adicionalmente el desempleo trae consigo una pérdida en el nivel de ingresos en los gobiernos, por cuanto deja de percibir impuestos que el trabajador y la empresa aportaba normalmente mientras desempeñaba éste su trabajo. A esto se suma los egresos que tiene que realizar la administración pública por concepto de subsidiar a los desempleados.

Gráfico 7

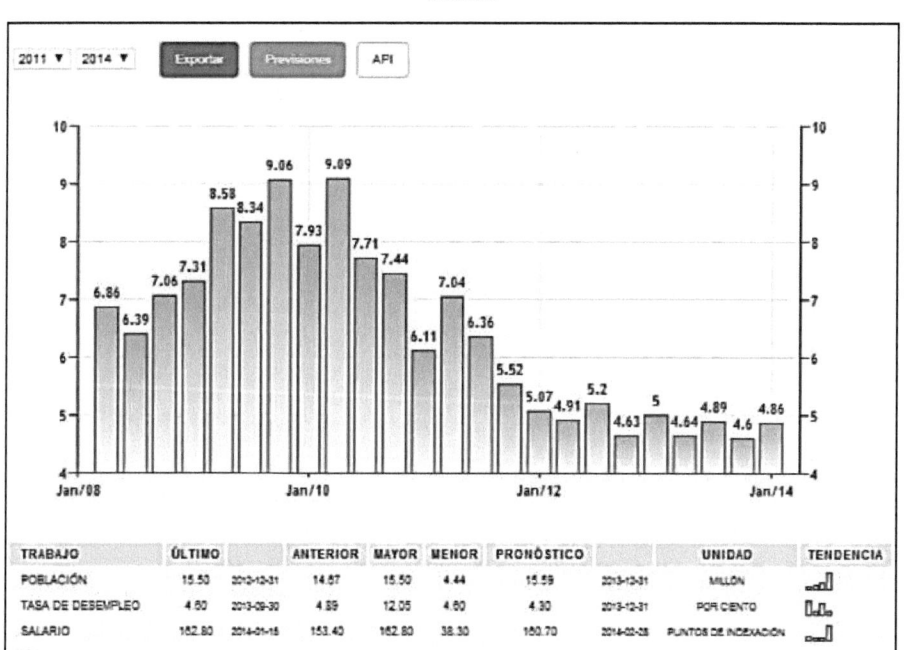

Fuente y Elaborado por: http://es.tradingeconomics.com/ecuador/unemployment-rate

Esta relación existente se deteriora, cuando el número de unidades familiares que participan de las actividades productivas es menor (desempleo), lo que conlleva a que la presencia de compradores que están dispuestos y pueden comprar algún producto o servicio al precio que se les ofrece no dispongan de ingresos suficientes por cuanto no tienen empleo, esto ocasiona que las unidades productivas bajen sus niveles de producción y no se pueda continuar con el ciclo económico normal por cuanto se da una brecha en la demanda.

Efectos Sociales.- El costo económico del desempleo es, ciertamente, alto, pero el social es enorme. Ninguna cifra monetaria refleja satisfactoriamente la carga humana y psicológica de los largos períodos de persistente desempleo involuntario. La tragedia personal del desempleo ha quedado demostrada una y otra vez"[9].

1.1.4. Interpretación Económica del Desempleo.-

Interpretar económicamente el desempleo es buscar las diferentes razones que implica el estar desempleado, para ello consideraremos los tipos de desempleo existentes, también distinguiremos entre desempleo voluntario e involuntario así como las razones de rigidez de los sueldos y salarios[10].

---

[9] Laaz, S., María, L., & Falcón Méndez, A. R. (2013). Estructura del sector microempresarial formal e informal en la ciudad de Guayaquil sector sur.
[10] Camones, C., & María, C. (2013). *Estudio exploratorio acerca de los desafíos sociales actuales y futuros para la función de Dirección de Recursos Humanos en la provincia del Guayas* (Doctoral dissertation).

Tabla 2

ECUADOR - ÍNDICE DE PRECIOS AL CONSUMIDOR (IPC)

REAL	ANTERIOR	MAYOR	MENOR	PRONÓSTICO	FECHAS	UNIDAD		FRECUENCIA	
146.51	145.46	146.51	0.02	147.10 I 2014/02	1969 - 2014	PUNTOS DE INDEXACIÓN		MENSUAL	2004=100 , NSA

Gráfico 8

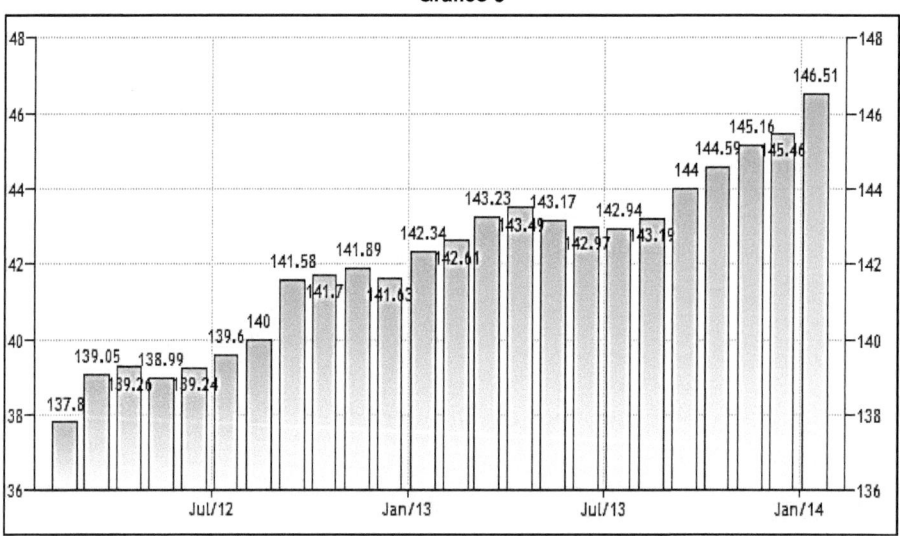

Fuente y Elaborado por: http://es.tradingeconomics.com/ecuador/unemployment-rate

Tabla 3

PRECIOS	ÚLTIMO		ANTERIOR	MAYOR	MENOR	PRONÓSTICO		UNIDAD	TENDENCIA
ÍNDICE DE PRECIOS AL CONSUMIDOR (IPC)	146.51	2014-01-15	145.46	146.51	0.02	147.10	2014-02-28	PUNTOS DE INDEXACIÓN	
TASA DE INFLACIÓN	2.92	2014-01-31	2.70	107.87	-2.67	3.36	2014-02-28	POR CIENTO	
LOS PRECIOS AL PRODUCTOR	2734.23	2014-01-15	2795.06	2982.72	199.07	2729.08	2014-02-28	PUNTOS DE INDEXACIÓN	

En un país tan inestable como es el Ecuador que siempre está en permanentes fluctuaciones, esto por la inestabilidad económica que sufrió el país por la crisis mundial en los años 2009 y 2010; así como también la inestabilidad política interna y externa. Históricamente, los precios de los productos tienen tendencia a subir, lo que afecta al consumidor en su poder adquisitivo; sin embargo actualmente con las nuevas políticas de gobierno el salario es incrementado conforme la inflación para compensar y aliviar de alguna manera los costos de los productos.

Los problemas de seguridad que se presentan en la actualidad, la delincuencia en nuestro medio y en estos tiempos, que con mucha frecuencia son descuidados por nuestra sociedad, porque es ahí donde se comienza a resquebrajar este miembro de la sociedad, sin ni siquiera darle la oportunidad de llegar a ser miembro eficaz y productivo, que contribuya a la tarea común debido sobre todo a la falta de empleo y la carencia de medios para poder subsistir[11].

El propósito es precisamente realizar un estudio espacial con respecto de la distribución de la delincuencia el cual se encuentra sumido nuestra ciudad, estableciendo zonas de inseguridad.

---

[11] Álava Zevallos, M. C., Cortés Maya, G. M., & Faggioni Cubillos, R. (2013).*Guayaquil de mis temores: Los miedos urbanos de los jóvenes guayaquileños*(Doctoral dissertation).

El uso adecuado de mapas para establecer zonas de seguridad en la ciudad y la información que brinda el último Censo de Población y de Vivienda da un excelente marco de referencia en el procesamiento adecuado de los datos al efectuarse el levantamiento de información donde ocurrió el delito por parte de la policía o las autoridades del caso.

Los mapas de distribución por delitos constituyen una herramienta imprescindible para la planificación de la lucha contra la delincuencia, indicando la necesidad de un tratamiento más intenso en las áreas estudiadas.

Capítulo II: La Delincuencia.

2.1. Los Problemas de la Sociedad se Dimensionan con más Fuerza.

Harry Godland, indicó que la incapacidad mentales la principal causa de la criminalidad.[12]
Los postulados de esta Teoría son:

a) El débil mental sería un tipo de delincuente.

b) Las personas nacen débil mental o con una inteligencia anormal.

c) En la mayoría de las ocasiones estas personas conocen los delitos peligrosos de asalto, robo y otros enmarcados en el código de Defensa de nuestro Estado.

d) Los débiles mentales comenten estos delitos por falta de los factores inhibitorios sociales; sobre todo este no puede exteriorizar los que están descritos como buenos o malos.

e) No tienen la capacidad de prever la consecuencia de sus actos y por lo tanto la amenaza penal no tiene efecto sobre esta clase de individuo.

f) Son personas muy sugestionables y cualquier criminal más inteligente que él lo puede llevar a cometer un delito.

g) Por ser débil mental en los barrios donde existe una criminalidad alta, o hacer por imitación.

---

[12] PEREZ, Álvaro. "Curso de Criminología", Editorial Temis, Bogotá Colombia. (1986) pág. 54

h) Los inteligentes tiene la capacidad de ocultar la criminalidad pero los débiles mentales carecen de ella.

2.2. Definición, Características y Relación del Delito con Respecto al Derecho.

Guillermo Cabanellas, expresa que "La Seguridad Jurídica representa la Garantía de la aplicación objetiva de la ley, de tal modo que los individuos saben en cada momento cuáles son sus derechos y sus obligaciones, al tiempo que la seguridad jurídica limita y determina las facultades y los derechos de los poderes públicos".

El artículo 82 de la Carta Fundamental del Estado, señala que el derecho a la seguridad jurídica se fundamenta en el respeto a la Constitución y en la existencia de normas jurídicas previas, claras, públicas y aplicables para las autoridades competentes, lo cual significa que todos los ecuatorianos debemos vivir bajo el mandato de las leyes y su aplicación uniforme, siendo resumida por Jesucristo, cuando dijo: "No penséis que he venido para abrogar la ley o los profetas, no he venido para abrogarla, sino para cumplirla". (Mt.5.17).

Uno de los pilares del derecho constitucional es la seguridad jurídica y en nuestro ordenamiento jurídico constituye uno de los deberes fundamentales del Estado. La seguridad jurídica es el elemento esencial y patrimonio común del Estado de Derecho; implica la convivencia jurídicamente ordenada, la certeza sobre el derecho escrito y vigente, en suma, es la confiabilidad en el orden jurídico.

El derecho a la seguridad jurídica se traduce en la confianza que todos los ciudadanos debemos tener en el sistema jurídico ecuatoriano, la cual implica que las disposiciones normativas e instituciones jurídicas se mantengan en un periodo considerable de tiempo, a fin de que los ciudadanos sepan bajo qué reglas tienen que actuar frente al Estado.

Esto determina que la legislación debe ser emitida de tal forma que garantice la aplicación efectiva del principio de la seguridad jurídica, más aún, si una ley tiene una determinada disposición, ésta no puede ser desconocida por resoluciones de inferior jerarquía, ni puede ser dejada de aplicar por ninguna autoridad del Estado.

Se pueden numerar un sinnúmero de problemas, por muy pequeños que sean, pero problemas son, y por lo tanto afectan a toda persona, y por ende a la sociedad. El desempleo, la delincuencia, la Prostitución, las violaciones, los asaltos, los asesinatos, el alcoholismo; y, la pobreza.

2.3. Causas y Factores que Influyen a Cometer un Acto Punible (Delinquir)

Para llegar al punto culminante de la "delincuencia" existen una serie de causas y factores que influyen en un determinado ser humano a cometer un acto punible (Delinquir); puede decirse que estas causas son el "conjunto de infracciones punibles clasificadas con fines sociológicos y estadísticos, según sea el lugar, tiempo y especialidad que se señale a la totalidad de transgresiones penadas".

Estas causas se dan cuando los niños han sido separados del medio familiar durante su infancia, no han tenido hogares estables, ellos se verán relegados, perdiendo el punto de equilibrio entre la realidad y el placer, y caerán en actividades delictivas o perversas, son hijos de padres delincuentes, y sus preceptos morales y formación son antisociales; éstas se manifiestan a los seis o siete años de edad; además, el maltrato físico, lo que hace que ellos huyan de sus hogares e emigren a las calles; donde la calle es la escuela de toda clase de cosas malas, de aprendizaje rápido para ellos, porque de una u otra forma tienen que aprender a defenderse de todos los peligros que se les presenten en el camino.

La ciudad de Guayaquil tiene un incremento diario en los diferentes tipos de delitos, por la situación que se encuentra atravesando el país, debido entre otras cosas a aspectos como los que se detallan a continuación: La pérdida de valores éticos y morales; La mala administración de los gobiernos; La falta de aplicación de las Leyes y corrupción de la Función Judicial; La falta de Legislación a favor de la sociedad; La generalizada corrupción que se encuentra en todos los estratos sociales; La crisis económica; El desempleo masivo; La migración campesina; La inflación de los últimos años; La falta de alimentación, vivienda, salud, educación entre otras.

Con los datos proporcionados por la Fiscalía representa a la sociedad en la investigación y persecución del delito y en la acusación penal de los presuntos infractores. Y su clasificación, la institución donde se judicializan los hechos delictivos ocurridos.

Cada acta de denuncia que se recepta en las dependencias de la Fiscalía de Guayaquil reporta al menos una acción delictiva, en los casos en que en el acta se denuncie más de un delito, ésta es rotulada con el delito más "grave" reportado. En este informe los delitos están agrupados en tres categorías, principales delitos contra las personas, principales delitos contra la propiedad y otras denuncias. Los principales delitos contra las personas son: Homicidio, Plagio, Robo Agravado, Secuestro Express y Violación; conforman el conjunto de los principales delitos contra la propiedad el Robo simple, Robo en domicilio, Robo de vehículos, Robo de motocicletas, Robo en local comercial y

Robo en banco; en tanto que entre las "otras denuncias" están Estafa, Abuso de confianza, Agresión, Amenaza, etc, podremos observar las tendencias de cada uno de los delitos empleando tratamientos matemáticos adecuados para el análisis[13].

Tabla 4

Denuncias receptadas en las Oficinas de Ministerio Público en Guayaquil		
DENUNCIAS RECEPTADAS DURANTE EL AÑO 2013		
Totales Generales		
CATEGORÍA DE DELITO	NÚMERO DE DENUNCIAS	PORCENTAJE
Principales Delitos Contra las Personas	7324(8129)	24,99%
Principales Delitos Contra la Propiedad	7167(7118)	24,45%
Suma de Principales Delitos	14491(15247)	49,44%
Otras Denuncias	14822(15434)	50,56%
GRAN TOTAL DE DENUNCIAS RECEPTADAS EN 2011	*29313(30681)*	*100,00%*
NOTA: El total de "principales delitos" representa el 49,44% de todos los delitos denunciados durante el año 2013		

Fuente y Elaborado por: http://www.icm.espol.edu.ec/delitos

---

[13] http://www.fiscalia.gob.ec/index.php/quienes-somos/que-hace-la-fiscalia.html

Capítulo III: Análisis, Ámbitos, Aplicación del Derecho Frente a los Delitos en el Ecuador.

3.1. ÁMBITOS DE APLICACIÓN (CÓDIGO ORGÁNICO INTEGRAL PENAL) TÍTULO V

Artículo 14.- Ámbito espacial de aplicación.- Las normas de este Código se aplicarán a:

1. Toda infracción cometida dentro del territorio nacional.

2. Las infracciones cometidas fuera del territorio ecuatoriano, en los siguientes casos:

a) Cuando la infracción produzca efectos en el Ecuador o en los lugares sometidos a su jurisdicción.

b) Cuando la infracción penal es cometida en el extranjero, contra una o varias personas ecuatorianas y no ha sido juzgada en el país donde se la cometió.

c) Cuando la infracción penal es cometida por las o los servidores públicos mientras desempeñan sus funciones o gestione oficiales.

Tabla 5

DELITO	FRECUENCIA ABSOLUTA	PORCENTAJE RESPECTO A ESTA CATEGORÍA DE DELITO	PORCENTAJE RESPECTO A LA SUMA DE PRINCIPALES DELITOS	PORCENTAJE RESPECTO AL "GRAN TOTAL"
Homicidio	130(178)	1,77%	0,90%	0,44%
Plagio	176(275)	2,40%	1,21%	0,60%
Robo Agravado	6384(7056)	87,17%	44,05%	21,78%
Secuestro Express	177(221)	2,42%	1,22%	0,60%
Violación	457(399)	6,24%	3,15%	1,56%
SUMA DE LOS PRINCIPALES DELITOS CONTRA LAS PERSONAS	7324(8129)	100,00%	50,54%	24,99%

Denuncias receptadas en las Oficinas de Ministerio Público en Guayaquil
DENUNCIAS RECEPTADAS DURANTE EL AÑO 2013
Principales Delitos contra las Personas

NOTA: Los "delitos contra las personas" representan el 50,54% de los "principales delitos" denunciados y el 24,99% del "gran total"

Fuente y Elaborado por: http://www.icm.espol.edu.ec/delitos

3.2 ¿Qué Tipo de Delitos Puedo Denunciar en la Fiscalía más Cercana?

- Delitos de Acción Pública
- Homicidio
- Asesinato (homicio agravado)
- Delitos sexuales y atentado al pudor
- Secuestro
- Robo
- Narcotráfico
- Peculado, concusión, cohecho, enriquecimiento ilícito
- Trata de Personas
- Estafa u otras defraudaciones (cuando existan 15 o más ofendidos)
- Delitos de Tránsito
- Lavado de activos
- Usura, entré otros

Nota importante: Estos delitos no requieren de denuncia escrita, basta con informar a la Fiscalía o Policía Judicial. La Fiscalía está obligada a investigar de oficio, sin necesidad de la intervención de las partes interesadas, ni reconocimientos de firmas.

3.3. De Instancia Particular.

- Revelación de secretos de fábrica
- Hurto
- Estupro en mayores de 16 años
- Rapto
- Muerte de animales
- Usurpación

Nota importante: Deben denunciarse en la Fiscalía o Policía Judicial, para que inicien una investigación. La denuncia no requiere de abogado y debe ser reconocida.

3.4. ¿En Qué Situaciones la Fiscalía NO Puede Ayudarme?
A la Fiscalía no le corresponde:

- Receptar denuncias por pérdida de documentos de ningún tipo (competente Intendencia y Comisarías)
- Daños a la propiedad privada. (Competente Juez Penal).
- El Cobro de deudas provenientes de letras de cambio, pagarés y cheques en garantía. (Competente Juez Civil).
- El Cobro de arriendos atrasados ni terminaciones de contratos de arrendamiento. (Competente es el Juez de Inquilinato)

- Recuperación de menores llevados por sus progenitores (padre o madre), o cobro de pensiones alimenticias. (Competente Juez de Niñez y Adolescencia).

- Recuperación de Animales (Competente es el Intendente)

- Emisión de boletas de auxilio; elaboración de actas de mutua respeto entre las partes. (Competente Intendente, comisarios nacionales y comisarías de la mujer y la familia).

- No tramita Seguros.

3.5. Delito Contra la Propiedad:

Robo a personas (vía pública); estruches (robo, departamentos.); robo locales comerciales; robo a bancos; hurto; abigeato; robo en transporte. Urbano; robo carreteras (transa.) (interp); robo carga carretera; apropiación ind./ abuso confianza.; estafas; extorsión.

Tabla 5

Denuncias receptadas en las Oficinas de Ministerio Público en Guayaquil
DENUNCIAS RECEPTADAS DURANTE EL AÑO 2013
Principales Delitos contra la Propiedad

DELITO	FRECUENCIA ABSOLUTA	PORCENTAJE RESPECTO A ESTA CATEGORÍA DE DELITO	PORCENTAJE RESPECTO A LA SUMA DE PRINCIPALES DELITOS	PORCENTAJE RESPECTO AL "GRAN TOTAL"
Robo Simple	2974(2418)	41,50%	20,52%	10,15%
Hurto	1851(1398)	25,83%	12,77%	6,31%
Robo en Domicilio	1141(1479)	15,92%	7,87%	3,89%
Robo de Vehículos	816(1282)	11,39%	5,63%	2,78%
Robo en Local Comercial	383(539)	5,34%	2,64%	1,31%
Robo en Bancos	2(2)	0,03%	0,01%	0,01%
SUMA DE LOS PRINCIPALES DELITOS CONTRA LA PROPIEDAD	7167(7118)	100,00%	49,46%	24,45%

NOTA: Los "delitos contra la propiedad" representan el 49,46% de los "principales delitos" denunciados y el 24,45% del "gran total"

Fuente y Elaborado por: http://www.icm.espol.edu.ec/delitos

3.6. DENUNCIA.

CAPÍTULO TERCERO (CÓDIGO ORGÁNICO INTEGRAL PENAL)

Artículo 421.- Denuncia.- La persona que llegue a conocer que se ha cometido un delito de ejercicio público de la acción, podrá presentar su denuncia ante la Fiscalía, al personal del Sistema especializado integral de investigación, medicina legal o ciencias forenses o ante el organismo competente en materia de tránsito.

La denuncia será pública, sin perjuicio de que los datos de identificación personal del denunciante, procesado o de la víctima, se guarden en reserva para su protección.

Artículo 422.- Deber de denunciar.- Deberán denunciar quienes están obligados a hacerlo por expreso mandato de la Ley, en especial:

1. La o el servidor público que, en el ejercicio de sus funciones, conozca de la comisión de un presunto delito contra la eficiencia de la administración pública.

2. Las o los profesionales de la salud de establecimientos públicos o privados, que conozcan de la comisión de un presunto delito.

3. Las o los directores, educadores u otras personas responsables de instituciones educativas, por presuntos delitos cometidos en dichos centros.

Artículo 427.- Formas de denuncia.- La denuncia podrá formularse verbalmente o por escrito.

Los escritos anónimos que no suministren evidencias o datos concretos que orienten la investigación se archivarán por la o el fiscal correspondiente.

Artículo 428.- Denuncia escrita.- La denuncia escrita será firmada por la o el denunciante. Si este último no sabe o no puede firmar, debe estampar su huella digital y una o un testigo firmará por ella o él.

Artículo 429.- Denuncia verbal.- Si la denuncia es verbal se sentará el acta respectiva, al pie de la cual firmará la o el denunciante. Si este último no sabe o no puede firmar, se sujetará a lo dispuesto en el artículo anterior.

Tabla 6

Denuncias receptadas en las Oficinas de Ministerio Público en Guayaquil		
Otras Denuncias: Año 2013		
TOTALES	FRECUENCIA ABSOLUTA	FRECUENCIA RELATIVA RESPECTO AL TOTAL DE DENUNCIAS
SUBTOTAL PRINCIPALES DELITOS DEL AÑO (se reporta en el sitio web)	14491(15247)	49,44%
OTRAS DENUNCIAS (no se reporta en el sitio web)	14822(15434)	50,56%
GRAN TOTAL DE DENUNCIAS DEL AÑO	29313(30681)	100,00%

NOTA: El total de "principales delitos" representa el 49,44% de todos los delitos denunciados durante el Año 2013
( ) Los valores entre paréntesis corresponden al año anterior (2012)

Fuente y Elaborado por: http://www.icm.espol.edu.ec/delitos

3.7. Acusación Particular.

CAPÍTULO CUARTO (CÓDIGO ORGÁNICO INTEGRAL PENAL)

Artículo 432.- Acusación particular.- Podrá presentar acusación particular:

1. La víctima, por sí misma o a través de su representante legal, sin perjuicio de la facultad de intervenir en todas las audiencias y de reclamar su derecho a la reparación integral, incluso cuando no presente acusación particular.

2. La víctima, como persona jurídica podrá acusar por medio de su representante legal, quien podrá actuar por sí mismo o mediante procuradora o procurador judicial.

3. La víctima como entidad u organismo público, podrá acusar por medio de sus representantes legales o de sus delegados especiales y la o el Procurador General del

Estado, para las instituciones que carezcan de personería jurídica, sin perjuicio de la intervención de la Procuraduría General del Estado.

En la delegación especial deberá constar expresamente el nombre y apellido de la persona procesada y acusada y la relación completa de la infracción con la que se le quiere acusar.

Artículo 369.- Delincuencia Organizada.- La persona que mediante acuerdo o concertación forme un grupo estructurado de dos o más personas que, de forma permanente o reiterada, financien de cualquier forma, ejerzan el mando o dirección o planifiquen las actividades de una organización delictiva, con el propósito de cometer uno o más delitos sancionados con pena privativa de libertad de más de cinco años, que tenga como objetivo final la obtención de beneficios económicos u otros de orden material, será sancionada con pena privativa de libertad de siete a diez años.

Los demás colaboradores serán sancionados con pena privativa de libertad de cinco a siete años.

Artículo 370.- Asociación Ilícita.- Cuando dos o más personas se asocien con el fin de cometer delitos, sancionados con pena privativa de libertad de menos de cinco años, cada una de ellas será sancionada, por el solo hecho de la asociación, con pena privativa de libertad de tres a cinco años.

3.8. Contravenciones Contra el Derecho de Propiedad.

(CÓDIGO ORGÁNICO INTEGRAL PENAL) PARÁGRAFO ÚNICO
Artículo 209.- Contravención de hurto.-

En caso de que lo hurtado no supere el cincuenta por ciento de un salario básico unificado del trabajador en general, la persona será sancionada con pena privativa de libertad de quince a treinta días.

Para la determinación de la infracción se considerará el valor de la cosa al momento del apoderamiento.

Artículo 210.- Contravención de abigeato.- En caso de que lo sustraído no supere un salario básico unificado del trabajador en general, la persona será sancionada con pena privativa de libertad de quince a treinta días. Para la determinación de la infracción se considerará el valor de la cosa al momento del apoderamiento.

Artículo 196.- Hurto.- La persona que sin ejercer violencia, amenaza o intimidación en la persona o fuerza en las cosas, se apodere ilegítimamente de cosa mueble ajena, será sancionada con pena privativa de libertad de seis meses a dos años.

Si el delito se comete sobre bienes públicos se impondrá el máximo de la pena prevista aumentada en un tercio. Para la determinación de la pena se considerará el valor de la cosa al momento del apoderamiento.

Artículo 189.- Robo.- La persona que mediante amenazas o violencias sustraiga o se apodere de cosa mueble ajena, sea que la violencia tenga lugar antes del acto para facilitarlo, en el momento de cometerlo o después de cometido para procurar impunidad, será sancionada con pena privativa de libertad de cinco a siete años.

Cuando el robo se produce únicamente con fuerza en las cosas, será sancionada con pena privativa de libertad de tres a cinco años.

Si se ejecuta utilizando sustancias que afecten la capacidad volitiva, cognitiva y motriz, con el fin de someter a la

víctima, de dejarla en estado de somnolencia, inconciencia o indefensión o para obligarla a ejecutar actos que con conciencia y voluntad no los habría ejecutado, será sancionada con pena privativa de libertad de cinco a siete años.

Si a consecuencia del robo se ocasionan lesiones de las previstas en el numeral 5 del artículo 152 se sancionará con pena privativa de libertad de siete a diez años.

Si el delito se comete sobre bienes públicos, se impondrá la pena máxima, dependiendo de las circunstancias de la infracción, aumentadas en un tercio.

Si a consecuencia del robo se ocasiona la muerte, la pena privativa de libertad será de veintidós a veintiséis años.

La o el servidor policial o militar que robe material bélico, como armas, municiones, explosivos o equipos de uso policial o militar, será sancionado con pena privativa de libertad de cinco a siete años.

3.9. Delitos contra el derecho a la propiedad.

Sección Novena

Artículo 185.- Extorsión.- La persona que, con el propósito de obtener provecho personal o para un tercero, obligue a otro, con violencia o intimidación, a realizar u omitir un acto o negocio jurídico en perjuicio de su patrimonio o el de un tercero, será sancionada con pena privativa de libertad de tres a cinco años.

La sanción será de cinco a siete años si se verifican alguna de las siguientes circunstancias:

1. Si la víctima es una persona menor a dieciocho años, mayor a sesenta y cinco años, mujer embarazada o persona con discapacidad, o una persona que padezca enfermedades que comprometan su vida.

2. Si se ejecuta con la intervención de una persona con quien la víctima mantenga relación laboral, comercio u otra similar o con una persona de confianza o pariente dentro del cuarto grado de consanguinidad y segundo de afinidad.

3. Si el constreñimiento se ejecuta con amenaza de muerte, lesión, secuestro o acto del cual pueda derivarse calamidad, infortunio o peligro común.

4. Si se comete total o parcialmente desde un lugar de privación de libertad.

5. Si se comete total o parcialmente desde el extranjero.

Artículo 161.- Secuestro.- La persona que prive de la libertad, retenga, oculte, arrebate o traslade a lugar distinto a una o más personas, en contra de su voluntad, será sancionada con pena privativa de libertad de cinco a siete años.

Artículo 162.- Secuestro extorsivo.- Si la persona que ejecuta la conducta sancionada en el artículo 161 de este

Código tiene como propósito cometer otra infracción u obtener de la o las víctimas o de terceras personas dinero, bienes, títulos, documentos, beneficios, acciones u omisiones que produzcan efectos jurídicos o que alteren de cualquier manera sus derechos a cambio de su libertad, será sancionado con pena privativa de libertad de diez a trece años.

Se aplicará la pena máxima cuando concurra alguna de las siguientes circunstancias:

1. Si la privación de libertad de la víctima se prolonga por más de ocho días.

2. Si se ha cumplido alguna de las condiciones impuestas para recuperar la libertad.

3. Si la víctima es una persona menor de dieciocho años, mayor de sesenta y cinco años, mujer embarazada o persona con discapacidad o que padezca enfermedades que comprometan su vida.

4. Si se comete con apoderamiento de nave o aeronave, vehículos o cualquier otro transporte.

5. Si se comete total o parcialmente desde el extranjero.

6. Si la víctima es entregada a terceros a fin de obtener cualquier beneficio o asegurar el cumplimiento de la exigencia a cambio de su liberación.

7. Si se ejecuta la conducta con la intervención de una persona con quien la víctima mantenga relación laboral, comercial u otra similar; persona de confianza o pariente dentro del cuarto grado de consanguinidad y segundo de afinidad.

8. Si el secuestro se realiza con fines políticos, ideológicos, religiosos o publicitarios.

9. Si se somete a la víctima a tortura física o psicológica, teniendo como resultado lesiones no permanentes, durante el tiempo que permanezca secuestrada, siempre que no constituya otro delito que pueda ser juzgado independientemente.

10. Si la víctima ha sido sometida a violencia física, sexual o psicológica ocasionándole lesiones permanentes.

Cuando por causa o con ocasión del secuestro le sobrevenga a la víctima la muerte, se sancionará con pena privativa de libertad de veintidós a veintiséis años.

Capítulo IV: Geoestadística y el Análisis Espacial

4.1. Definición.

La Geoestadística implica el análisis y la estimación de fenómenos espaciales o temporales, tales como: calidades de metal, porosidades.

La palabra Geoestadistica es anormalmente asociada con geología, desde que esta ciencia tiene origines en minería.

Hoy en día la Geoestadistica es un nombre asociado con una clase de técnicas, para analizar y predecir los valores de una variable que esta distribuida en espacio o tiempo.

Se asume tales valores implícitamente, para ser puestos en correlación entre si, y el estudio de semejante correlación normalmente se llama un análisis estructural o un "Variograma".Después del análisis estructural, se hacen estimaciones a las situaciones de los sectores no muestreados usando la técnica de Interpolación "Kriging".

La Geoestadistica, tiene como objetivo el caracterizar o interpretar el comportamiento de los datos que están distribuidos como "variables regionalizadas".

4.2. Análisis Exploratorio de los Datos.

En esta fase se estudian los datos muestrales sin tener en cuenta su distribución geográfica. Sería una etapa de aplicación de la estadística. Se comprueba la consistencia de los datos, eliminándose aquellos que sean erróneos, y se identifican las distribuciones de las cuales provienen.

4.3. Análisis Estructural.

Se estudia la continuidad espacial de la variable. En esta etapa se calcula el Variograma experimental, o cualquier otra función que nos explique la variabilidad espacial, se ajusta al mismo un Variograma teórico y se analiza e interpreta dicho ajuste al modelo paramétrico seleccionado.

4.4. Predicciones:

Estimaciones de la variable en los puntos no muestrales, considerando la estructura de correlación espacial seleccionada e integrando la información obtenida de forma directa, en los puntos muestrales, así como la conseguida indirectamente en forma de tendencias conocidas u observadas. También se pueden realizar simulaciones, teniendo en cuenta los patrones de continuidad espacial elegidos.

Para la determinación del Variograma experimental deben cumplirse una serie de etapas.

Se calcula un Variograma onidireccional, se define como un Variograma válido para todas las direcciones, o como aquel en el cual la tolerancia direccional es de 360º. Evidentemente, este Variograma será función sólo de la distancia, h. Se puede considerar, no muy estrictamente, como un Variograma medio para todas las direcciones.

Sin embargo, el cálculo de un Variograma omnidireccional no significa que la continuidad espacial sea idéntica en todas las direcciones. Simplemente constituye el inicio del análisis estructural, sirviendo para determinar los parámetros relacionados con la distancia que generan los mejores resultados, ya que no depende de la dirección.

Son varios los paquetes de software, que proporciona ayuda para desarrollar análisis de datos espaciales, muchos de estos paquetes proporcionan los cálculos tradicionales Estadísticos, como son análisis Univariado, gráficos de histogramas, gráficos de correlación; además de las técnicas básicas, que conforman el análisis Geoestadistico.

4.5. Descripción de los Software a Utilizar.

Para el desarrollo del análisis se utilizó el Software Variowin en la elaboración de modelos para Variogramas Versión 2.2 (2003), y además se recurrió al software SADA, como soporte para la elección del mejor modelo que describa el comportamiento de las variables de interés.

4.6. Variowin 2.2

Análisis espacial Variowin 2.21, elaboración de modelos para Variogramas común.

Opera como un banco de datos geográficos sin fronteras y soporta un gran volumen de datos (sin limitaciones de escala, proyección y huso), manteniendo la identidad de los objetos geográficos a lo largo de todo banco.

Proporciona un ambiente de trabajo amigable y poderoso, a través de la combinación de menús y ventanas con un lenguaje espacial fácilmente programable por el usuario.

4.7. Módulos del Variowin 2.21.

- **Prevar2D.** Se crea un archivo.dat con todos los datos georreferenciados y se establece los parámetros de longitud y latitud para poder crear otro archivo .pcf para el cálculo geoestadístico.

Gráfico 9

{ 42 }

Corrida del módulo Prevar2D

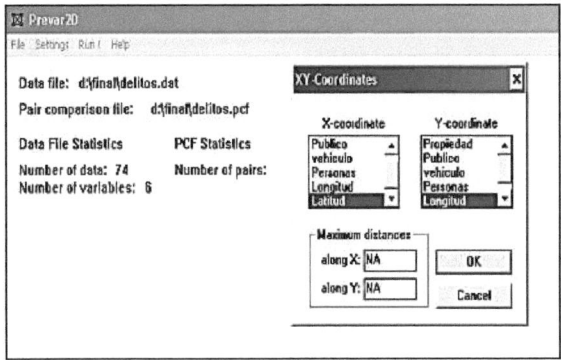

Fuente: Variowin 2.2

Vario2D with PCF. Trabaja con un archivo.pcf que se crea en el modulo prevar2d al momento de ejecutarlo el cual permite efectuar los cálculos de las estimaciones geoestadisticas.

Gráfico 10
Corrida del módulo Vario2D With PCF

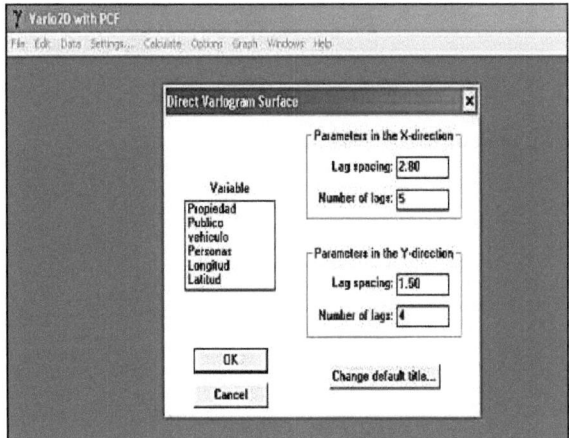

Fuente: Variowin 2.

Model. Trabaja con un archivo .var que se crea en el módulo Vario2D with pcf

y permite calcular los diferentes modelos geoestadiscos y obtener el mejor

modelo.

Gráfico 11
CORRIDA DEL MODULO MODEL

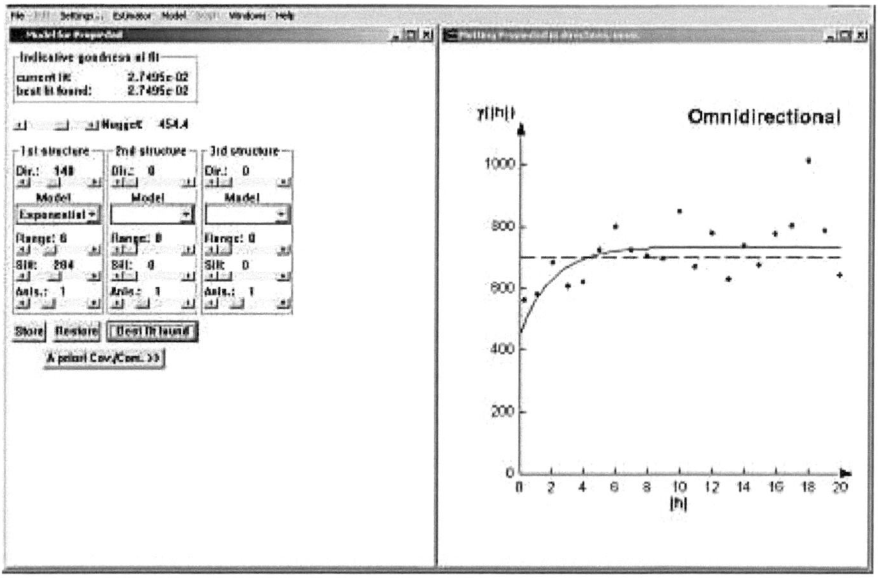

Fuente: Variowin 2.2

4.8. SADA

Análisis espacial y Ayuda de Decisión (SADA) direcciones que la valoración

medioambiental. Para alcanzar estos objetivos, el SADA se basa en un

modelo de datos orientado a objetos, del cual se derivada su interfaz de

menús y el lenguaje espacial. Algoritmos innovadores, como los utilizados para indexación espacial, segmentación de imágenes y creación de retículas, garantizan el desempeño adecuado en las más diversas aplicaciones. Estos estudios incluyen: Datos Exploración y Visualización, Sistema de Información Geográfico, Análisis, Decisión,

Gráfico 12
Corrida del módulo Sada

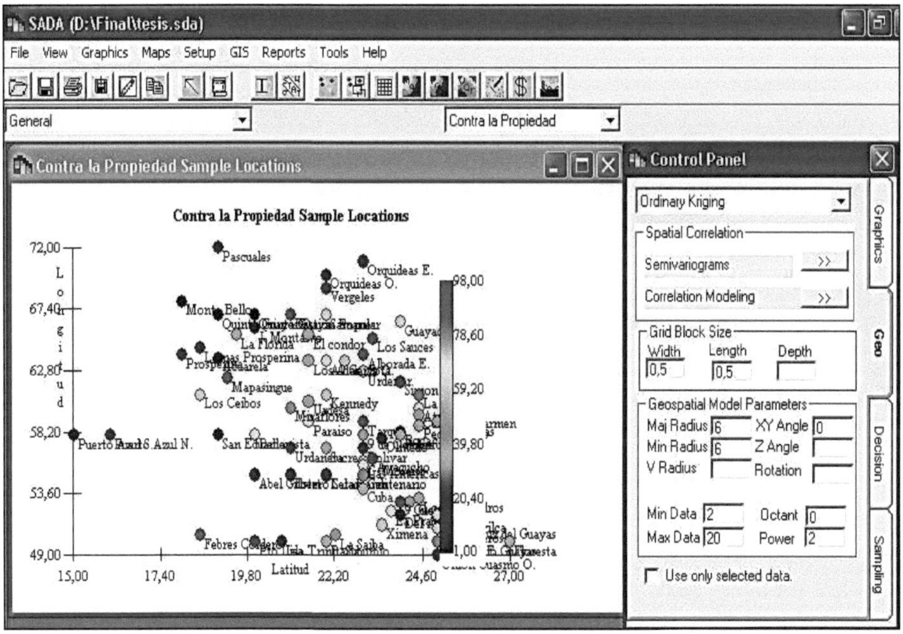

Fuente: Sada

4.9. Datos del Estudio.

Área de estudio. Comprende la jurisdicción del Cantón Guayaquil, con una superficie aproximada de 600.000 hectáreas, situada entre 1°55' y 3°10' de latitud Sur y 79°40' y 80°30' de longitud Oeste .

Área: Indica el nombre del proyecto en estudio, en este caso Proyecto Análisis Espacial de la Distribución de la Delincuencia en Guayaquil.

Delito: Este dato muestra el nombre de la persona responsable de realizar el acto delictivo en un espacio determinado.

Zona: Esta información se define el nombre de la zona de estudio, que adopta los nombres de los tipos de delitos.

Tabla 7

Denuncias receptadas en las Oficinas de Ministerio Público en Guayaquil
TASAS DE DELITOS POR CADA CIEN MIL HABITANTES CIUDAD GUAYAQUIL DEL AÑO 2005 AL 2013

Principales Delitos contra las Personas

DELITO	AÑO 2005	AÑO 2006	AÑO 2007	AÑO 2008	AÑO 2009	AÑO 2010	AÑO 2011	AÑO 2012	AÑO 2013
Homicidio	14,05	14,73	9,71	11,05	21,74	21,82	13,48	7,58	5,47
Plagio	38,06	30,85	26,17	28,41	32,92	18,54	13,57	11,72	7,41
Robo Agravado	137,3	249,35	226,99	199,92	336,12	424,13	359,15	300,81	268,78
Secuestro Express	9,77	13,66	9,98	8,66	12,42	14,03	10,33	9,42	7,45
Violación	29,98	21,52	21,7	22,65	29,28	30,82	24,03	17,00	19,24

Principales Delitos contra la Propiedad

DELITO	AÑO 2005	AÑO 2006	AÑO 2007	AÑO 2008	AÑO 2009	AÑO 2010	AÑO 2011	AÑO 2012	AÑO 2013
Robo Simple	720,33	485,80	355,65	318,74	200,58	164,77	87,00	103,02	125,21
Hurto	132,24	101,17	53,06	53,41	26,49	58,02	73,77	59,56	77,93
Robo en Domicilio	35,09	59,47	49,93	51,92	66,77	63,53	54,76	63,01	48,04
Robo de Vehiculos	124,12	108,31	118,51	150,26	169,48	126,24	62,19	54,62	34,36
Robo en Local Comercial	24,6	42,95	39,99	39,72	50,27	34,63	21,26	22,96	16,13
Robo en Banco	0,09	0,22	0,13	0,30	0.09	0,17	0,04	0,09	0,08

Fuente y Elaborado por: http://www.icm.espol.edu.ec/delitos

En la descripción de la clasificación de los departamentos judiciales donde se asienta la denuncia por tipo de delito, se cuentan con varios datos que fueron

observadas y determinadas en el momento del levantamiento de la
información.

Para la obtención de los datos del espacio físico en la ciudad de Guayaquil, se
hace un reconocimiento de la zona de interés, se cuentan con tomas aéreas
de los sectores que componen el área de estudio, para determinar la
estructura geográfica de la que está compuesta, luego se prosigue a
determinar la técnica de recolección de los datos y conjuntamente a
determinar la localización exacta de cada unidad de observación, se obtiene la
ubicación geográfica del delito en general.

Tabla 8

Denuncias receptadas en las Oficinas de Ministerio Público en Guayaquil

PORCENTAJES DE VARIACIÓN RESPECTO AL AÑO ANTERIOR
AÑO 2013 RESPECTO AL AÑO 2012

Principales Delitos contra las PERSONAS

PRINCIPALES DELITOS CONTRA LAS PERSONAS	TASA DE DELITOS POR CADA CIEN MIL HAB. AÑO 2012	TASA DE DELITOS POR CADA CIEN MIL HAB. AÑO 2013	DIFERENCIA	PORCENTAJE DE VARIACIÓN
Homicidio	7,58	5,47	-2,11	-27,79%
Plagio	11,72	7,41	-4,31	-36,77%
Robo agravado	300,61	268,78	-31,83	-10,59%
Secuestro express	9,42	7,45	-1,97	-20,89%
Violación*	17,00	19,24	2,24	13,18%

Fuente: Población urbana estimada de Guayaquil a 2012: 2'375.168 hab
Población urbana estimada de Guayaquil a 2011: 2'347.205 hab

Principales Delitos contra las PROPIEDAD

PRINCIPALES DELITOS CONTRA LA PROPIEDAD	TASA DE DELITOS POR CADA CIEN MIL HAB. AÑO 2012	TASA DE DELITOS POR CADA CIEN MIL HAB. AÑO 2013	DIFERENCIA	PORCENTAJE DE VARIACIÓN
Robo simple	103,02	125,21	22,19	21,54%
Hurto	59,56	77,93	18,37	30,85%
Robo en domicilio	63,01	48,04	-14,97	-23,76%
Robo de vehículos	54,62	34,36	-20,26	-37,10%
Robo en local comercial	22,96	16,13	-6,83	-29,77%
Robo en Banco	0,09	0,08	-0,01	-6,44%

Fuente y Elaborado por: http://www.icm.espol.edu.ec/delitos

4.10. Análisis de la Variabilidad Espacial.

En este análisis, se determina el comportamiento espacial que presentan cada uno de los delitos, este comportamiento se lo representa por medio de un ajuste a los modelos teóricos antes detallados, una vez determinados los modelos se procede a realizar las estimaciones para el nivel de concentración en el mapa, y poder así tener un mejor conocimiento de las características que describen la zona de la ciudad de guayaquil. Para determinar el modelo de Variograma que mejor.

4.11. Delito Contra la Propiedad.

Robo a personas, estruches (robo a casa, departamento), robo a locales comerciales, hurto, robo a transporte urbano colectivos.

Gráfico 13
Parroquias de la Ciudad de Guayaquil según su composición delitos contra la propiedad año 2013

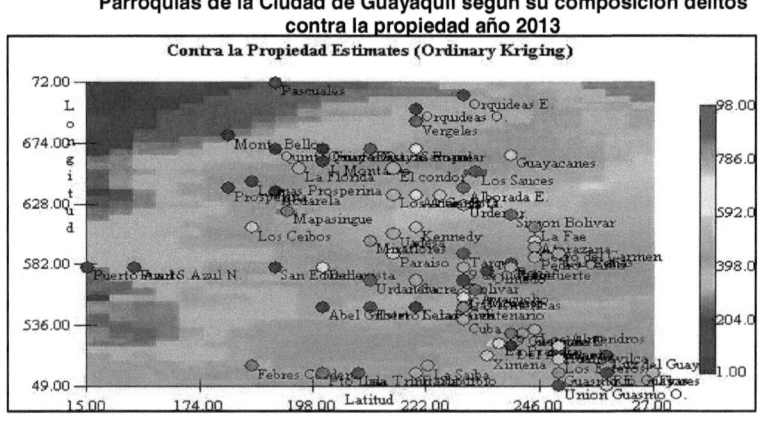

Fuente: Policía Judicial del Guayas
Elaborado: SADA

Esta división y polarización coincide a grandes rasgos con la distribución desigual de activos existente en el espacio urbano y con el mapa de factores de riesgos sociales de la ciudad. Aquellas zonas más vulnerables a los delitos contra las propiedades tenemos las parroquias Febrescordero, Tarqui, Mapasingue, Bastión Popular y las ciudadelas de la Alborada y Sauces, son las que precisamente presentan las mayores tasas de delincuencia.

Se define como un Variograma válido para todas las direcciones, o como aquel en el cual la tolerancia direccional es de 0º y 90º. Evidentemente, este Variograma será función sólo de la distancia, h. Se puede considerar, no muy estrictamente, como un Variograma medio para todas las direcciones.

Gráfico 14
Mapa de posicionamiento de las observaciones georeferenciadas en la ciudad de Guayaquil delitos contra la propiedad año 2013

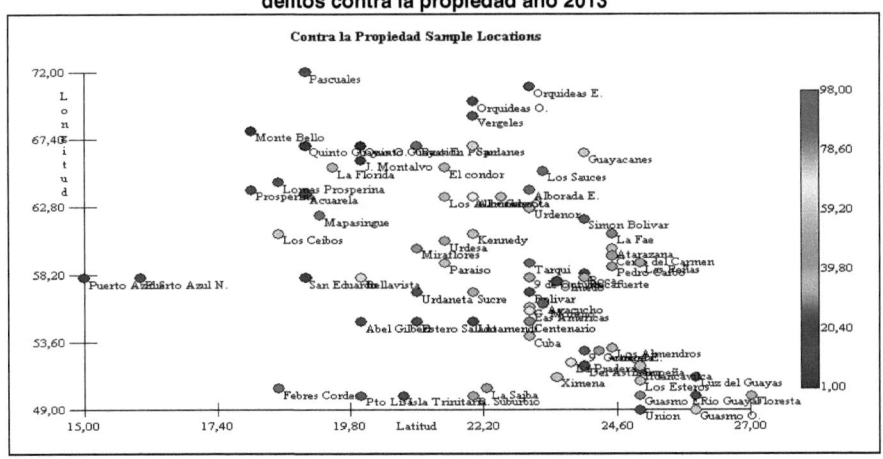

Fuente: Policía Judicial del Guayas
Elaborado: SADA

La correlación entre los delitos permite captar los distintos patrones de asociación espacial existentes entre las unidades bajo estudio. La gráfica muestra la relación existente entre los diferentes delitos dentro de la ciudad de Guayaquil correspondiente al área urbana.

Gráfico 15
Variograma omnidireccional modelo Exponencial propiedad año 2013

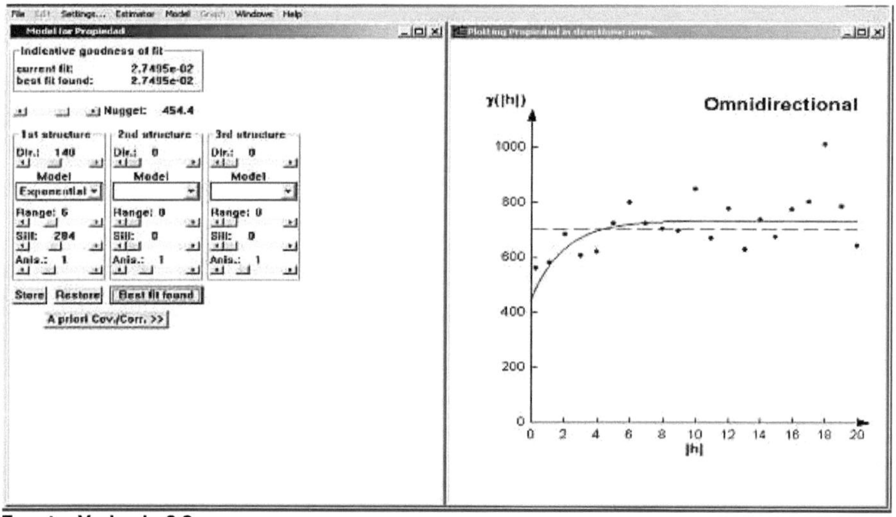

Fuente: Variowin 2.2
Elaborado: SADA

Para obtener el mejor modelo omnidireccional, se tiene los parámetros de Nugget de 454.4, su estructura se define con una dirección de 140, rango de 6 y un sill de 284, ya que influirá muy notablemente en los patrones de distribución que se obtengan, el mejor modelo de esta variable de investigación es el modelo Exponencial.

4.12. Delito a la Administración y Fe Pública.

Estafas, falsificación de firma.

Gráfico 16
Parroquias de la Ciudad de Guayaquil según su composición delitos a la administración y la fe pública año 2013

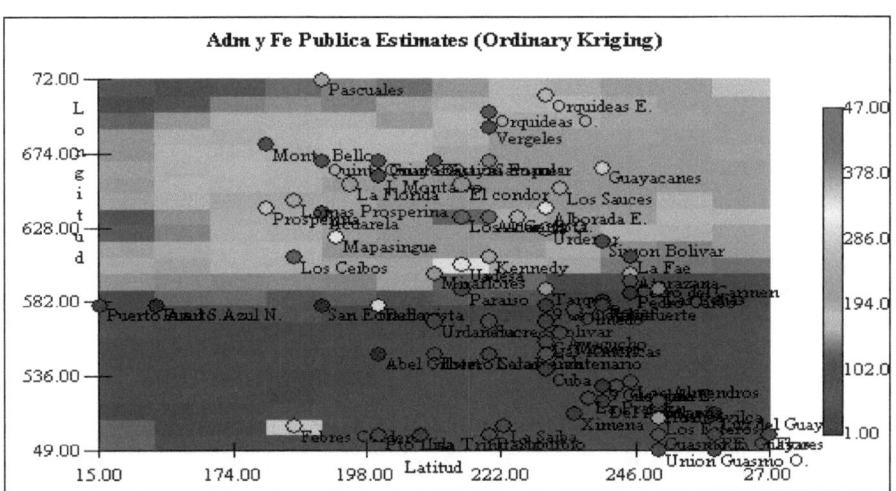

Fuente: Policía Judicial del Guayas
Elaborado: SADA

Esta división y polarización coincide a grandes rasgos con la distribución desigual de activos existente en el espacio urbano y con el mapa de factores de riesgos sociales de la ciudad. Delitos a la administración y fe publica se presentan con más intensidad en los sauces aquellas zonas son más céntricas.

Gráfico 17

Mapa de posicionamiento de las observaciones georeferenciadas en la ciudad de Guayaquil delitos a la administración y la fe pública año 2013

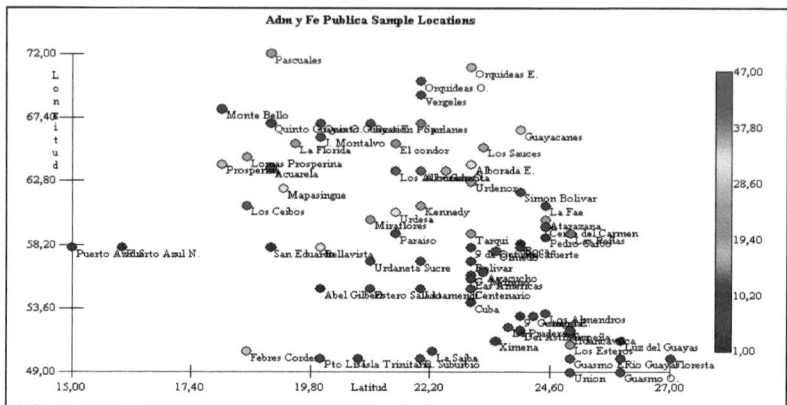

Fuente: Policía Judicial del Guayas
Elaborado: SADA

Es necesario que el Variograma que se elija refleje el patrón de continuidad espacial de la variable analizada.

La gráfica muestra la relación existente entre los diferentes delitos dentro de la ciudad de Guayaquil correspondiente al área urbana. Cada punto se ubica en el plano referencial por cada cuadricula del mapa. Así, el plano está formado por cuadrantes donde existen puntos en los cuales la tasa de delitos se muestra por puntos en cada parte de la ciudad.

Gráfico 18
Variograma omnidireccional modelo Gaussiano

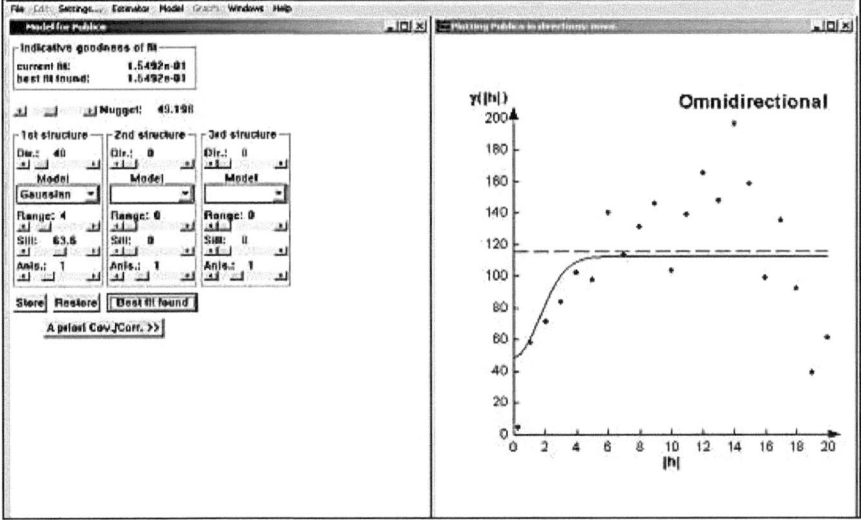

Fuente: Variowin 2.2

Para obtener el mejor modelo omnidireccional, se tiene los parámetros de Nugget de 49.196, su estructura se define con una dirección de 40, rango de 4 y un sill de 63.6, ya que influirá muy notablemente en los patrones de distribución que se obtengan, el mejor modelo de esta variable de investigación es el modelo Gaussiano.

VEHICULOS

Asalto y robo de carros

Gráfico 19
Parroquias de la Ciudad de Guayaquil según su composición delitos contra los vehículos
año 2013

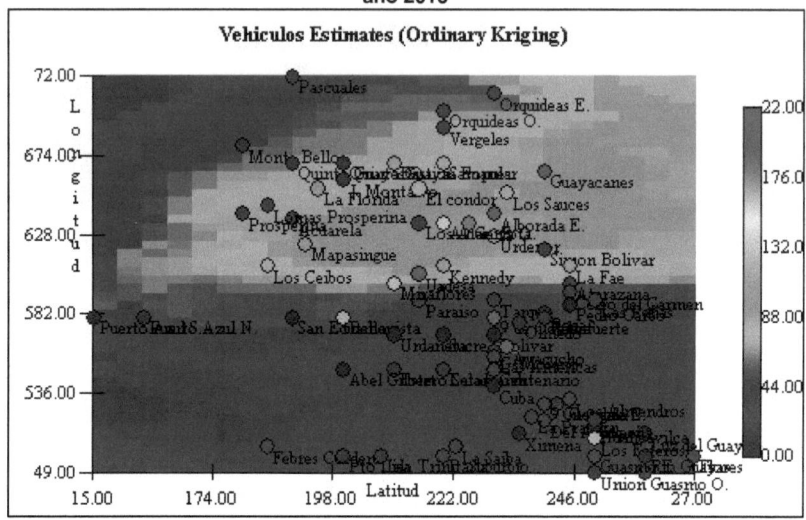

Fuente: Policía Judicial del Guayas
Elaborado: SADA

Aquellas zonas como los Sauces, Alborada Guayacanes y Urdesa que están en el sector norte de la ciudad son las que precisamente presentan las mayores tasas de delincuencia en lo que a robo de vehículos se refiere, siendo estas de nivel socio económico más alto.

El cálculo de un Variograma omnidireccional no significa que la continuidad espacial sea idéntica en todas las direcciones.

Gráfico 20

Mapa de posicionamiento de las observaciones georeferenciadas en la ciudad de Guayaquil delitos contra los vehículos año 2013

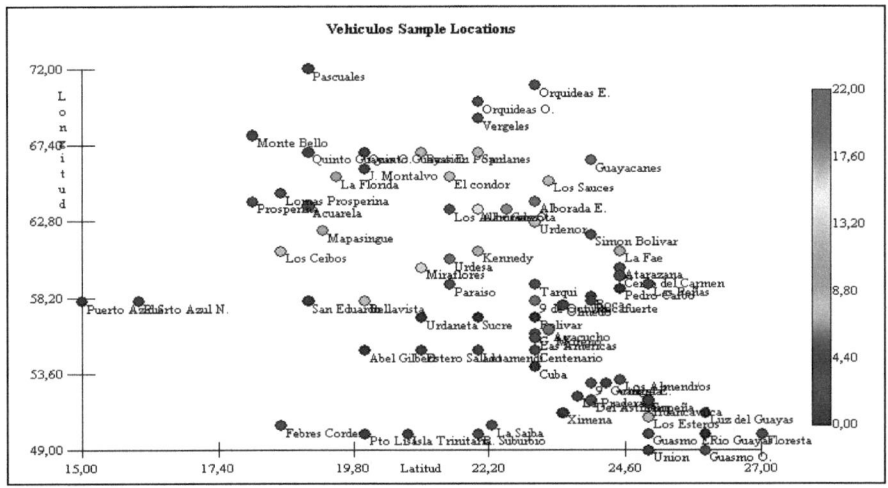

Fuente: Policía Judicial del Guayas
Elaborado: SADA

La gráfica muestra la relación existente entre los diferentes delitos dentro de la ciudad de Guayaquil correspondiente al área urbana. Cada punto se ubica en el plano referencial por cada cuadricula del mapa. Así, el plano está formado por cuadrantes donde existen puntos en los cuales la tasa de delitos se muestra por puntos en cada parte de la ciudad.

Gráfico 21
Variograma omnidireccional modelo Gaussiano

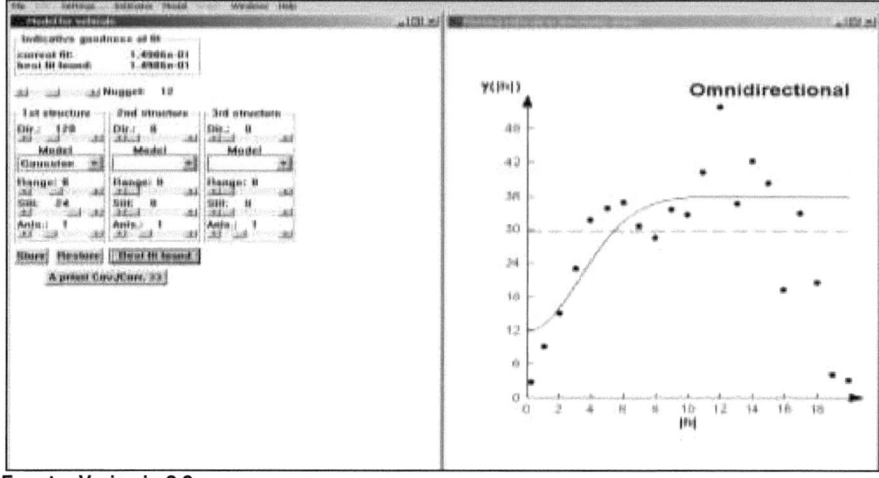

Fuente: Variowin 2.2

Para obtener el mejor modelo omnidireccional, se tiene los parámetros de

Nugget de 12, su estructura se define con una dirección de 120, rango de 6 y

un sill de 24, ya que influirá muy notablemente en los patrones de distribución

que se obtengan, el mejor modelo de esta variable de investigación es el

modelo Gaussiano.

4.1.3. DELITOS Contra las Personas.

Homicidios, violación, tenencia ilegal arma de fuego, delito varios.

ontra la inviolabilidad de la vida

Artículo 140.- Asesinato.- La persona que mate a otra será sancionada con pena privativa de libertad de veintidós a veintiséis años, si concurre alguna de las siguientes circunstancias:

1. A sabiendas, la persona infractora ha dado muerte a su ascendiente, descendiente, cónyuge, conviviente, hermana o hermano.

2. Colocar a la víctima en situación de indefensión, inferioridad o aprovecharse de esta situación.

3. Por medio de inundación, envenenamiento, incendio o cualquier otro medio se pone en peligro la vida o la salud de otras personas

4. Buscar con dicho propósito, la noche o el despoblado.

5. Utilizar medio o medios capaces de causar grandes estragos.

6. Aumentar deliberada e inhumanamente el dolor a la víctima.

7. Preparar, facilitar, consumar u ocultar otra infracción.

8. Asegurar los resultados o impunidad de otra infracción.

9. Si la muerte se produce durante concentraciones masivas, tumulto, conmoción popular, evento deportivo o calamidad pública.

10. Perpetrar el acto en contra de una o un dignatario o candidato a elección popular, elementos de las Fuerzas Armadas o la Policía Nacional, fiscales,

jueces o miembros de la Función Judicial por asuntos relacionados con sus funciones o testigo protegido

Art.144.- Homicidio.- La persona que mate a otra será será sancionado con pena privativa de libertad de diez a trece años.

Artículo 143.- Sicariato.- La persona que mate a otra por precio, pago, recompensa, promesa remuneratoria u otra forma de beneficio, para sí o un tercero, será sancionada con pena privativa de libertad de veintidós a veintiséis años.

La misma pena será aplicable a la persona, que en forma directa o por intermediación, encargue u ordene el cometimiento de este ilícito.

Artículo 171.- Violación.- Es violación el acceso carnal, con introducción total o parcial del miembro viril, por vía oral, anal o vaginal; o la introducción, por vía vaginal o anal, de objetos, dedos u órganos distintos al miembro viril, a una persona de cualquier sexo. Quien la comete, será sancionado con pena privativa de libertad de diecinueve a veintidós años en cualquiera de los siguientes casos:

1. Cuando la víctima se halle privada de la razón o del sentido, o cuando por enfermedad o por discapacidad no pudiera resistirse.

2. Cuando se use violencia, amenaza o intimidación.

3. Cuando la víctima sea menor de catorce años.

Se sancionará con el máximo de la pena prevista en el primer inciso, cuando:

1. La víctima, como consecuencia de la infracción, sufre una lesión física o daño psicológico permanente.

2. La víctima, como consecuencia de la infracción, contrae una enfermedad grave o mortal.

3. La víctima es menor de diez años.

4. La o el agresor es tutora o tutor, representante legal, curadora o curador o cualquier persona del entorno íntimo de la familia o del entorno de la víctima, ministro de culto o profesional de la educación o de la salud o cualquier persona que tenga el deber de custodia sobre la víctima.

5. La o el agresor es ascendiente o descendiente o colateral hasta el cuarto grado de consanguinidad o segundo de afinidad.

6. La víctima se encuentre bajo el cuidado de la o el agresor por cualquier motivo.

En todos los casos, si se produce la muerte de la víctima se sancionará con pena privativa de libertad de veintidós a veintiséis años.

Gráfico 22
Parroquias de la Ciudad de Guayaquil según su composición delitos contra las personas año 2013

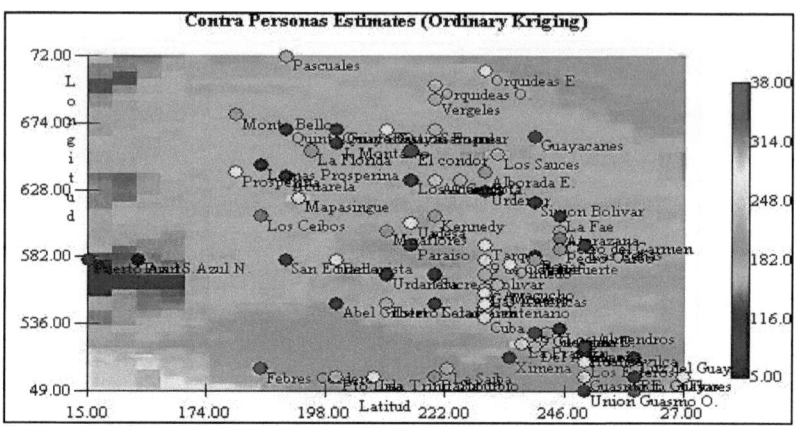

Fuente: Policía Judicial del Guayas
Elaborado: SADA

Aquellas zonas más vulnerables y pobres, como los Guasmos y Febres Cordero son las que precisamente presentan las mayores tasas de delincuencia y un mayor índice en tenencias de armas de fuego, para seguridad o sea estas por las pandillas.

El inicio del análisis estructural, válido para todas las direcciones, o como aquel en el cual la tolerancia direccional es de 0º y 90. Esos parámetros serán el incremento de la distancia y la tolerancia dimensional, el cálculo de un Variograma omnidireccional no significa que la continuidad espacial sea idéntica en todas las direcciones.

Gráfico 23
Mapa de posicionamiento de las observaciones georeferenciadas en la ciudad de Guayaquil delitos contra las personas año 2013

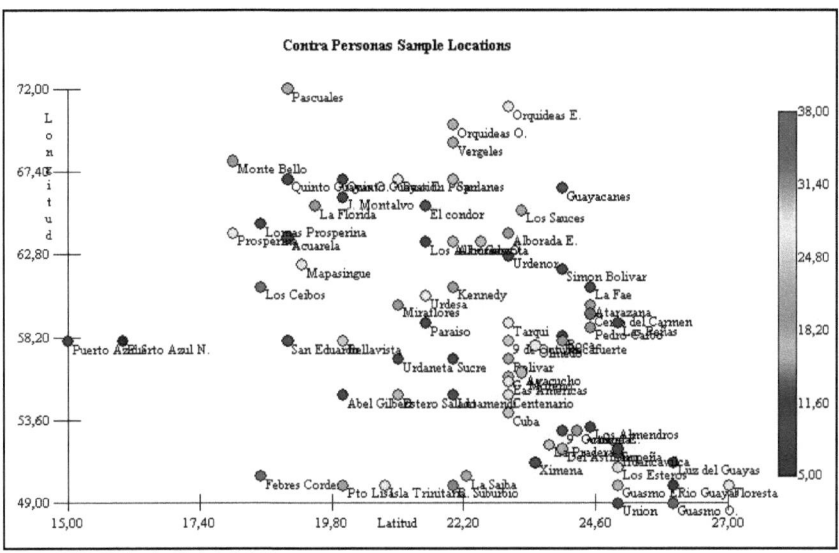

Fuente: Policía Judicial del Guayas
Elaborado: SADA

La gráfica muestra la relación existente entre los diferentes delitos dentro de la ciudad de Guayaquil correspondiente al área urbana. Cada punto se ubica en el plano referencial por cada cuadricula del mapa.

Gráfico 24
Variograma omnidireccional modelo Exponencial

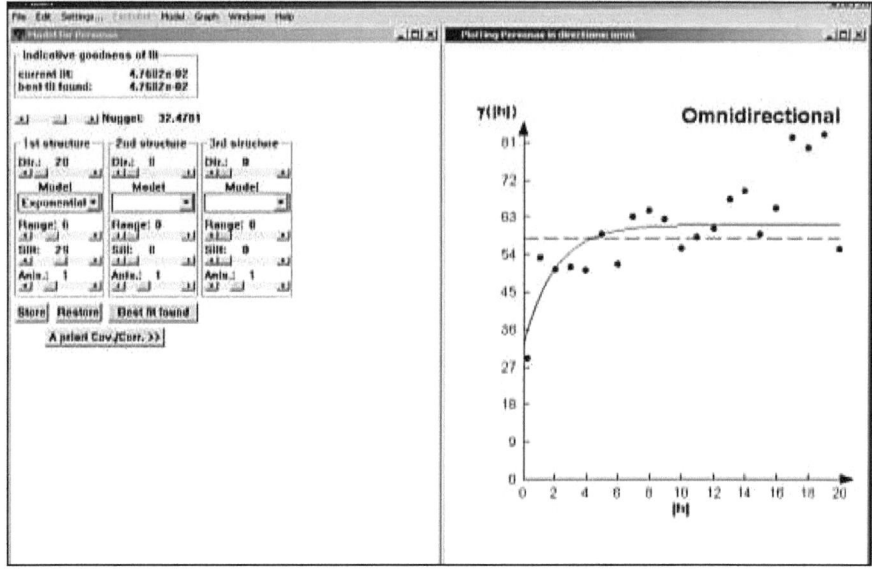

Fuente: Variowin 2.2

Para obtener el mejor modelo omnidireccional, se tiene los parámetros de

Nugget de 32.4781, su estructura se define con una dirección de 20, rango de

6 y un sill de 29, ya que influirá muy notablemente en los patrones de

distribución que se obtengan, el mejor modelo de esta variable de

investigación es el modelo Exponencial.

Conclusiones.

Mediante el uso de la Geoestadistica se han llegado a las siguientes conclusiones.

- Con respecto a los delitos contra la propiedad señalan las zonas más vulnerables a los delitos contra las propiedades tenemos las parroquias Febrescordero, Tarqui, Mapasingue, Bastión Popular y las ciudadelas de la Alborada y Sauces, son las que precisamente presentan las mayores tasas de delincuencia.

- Para obtener el mejor modelo omnidireccional, para los delitos contra la propiedad es el mejor modelo el Exponencial.

- Rasgos con la distribución desigual de activos existente en el espacio urbano y con el mapa de factores de riesgos sociales de la ciudad. Delitos a la administración y fe publica se presentan con mas intensidad en los sauces aquellas zonas son más céntricas.

- El Variograma que se elija refleje el patrón de continuidad espacial de la variable analizada. En los mapas se muestra la relación existente entre los diferentes delitos dentro de la ciudad de Guayaquil correspondiente al área urbana. Cada punto se ubica en el plano referencial por cada cuadricula del mapa. Así, el plano está formado por cuadrantes donde existen puntos en los cuales la tasa de delitos se muestra por puntos en cada parte de la ciudad.

- Para obtener el mejor modelo omnidireccional, para los delitos a la administración y fe pública es el mejor modelo es el Gaussiano.

- Aquellas zonas como los Sauces, Alborada Guayacanes y Urdesa que están en el sector norte de la ciudad son las que precisamente presentan las mayores tasas de delincuencia en lo que a robo de vehículos se refiere, siendo estas de nivel socio económico más alto.

- Para obtener el mejor modelo omnidireccional, para los delitos de vehículos el mejor modelo es el Gaussiano.

- Aquellas zonas más vulnerables y pobres,   como los Guasmos y Febrescordero son las que precisamente presentan las mayores tasas de delincuencia y un mayor índice en tenencias de armas de fuego, para seguridad o sea estas por las pandillas.

- Para obtener el mejor modelo omnidireccional, para los delitos contra las personas el mejor modelo el Exponencial.

Recomendaciones.

- Se debe crear un Programa de Seguridad Ciudadana que desarrolle encuestas de opinión pública que indagaban si los individuos habían sido víctimas de violencia y criminalidad y si estos sucesos habían sido denunciados.

- Se debe analizar los resultados los cuales permiten visualizar a una ciudad con espacios socioeconómicos claramente diferenciados en cuanto a la incidencia del delito. "Con la excepción de los hurtos, el resto de los renglones criminales ostenta una relación de tipo negativo con las regiones, es decir, que a menor desarrollo socioeconómico mayor cantidad de delitos". En otras palabras, la mayor parte de los delitos se registra en los vecindarios donde reside la población con menores recursos.

- La descripción espacial de los patrones de ocurrencia de determinadas situaciones de violencia. Sin embargo, sabido es que algunos tipos de delitos se concentran en zonas privilegiadas desde el punto de vista socioeconómico, lo que no implica necesariamente la existencia de patrones de desarticulación social en dichas áreas. Más bien ocurre todo lo contrario. Estas zonas ofician como "mercado" o polos de atracción para la realización de diferentes delitos, muy especialmente aquellos relacionados con hurtos.

- Dado el nivel del estudio en las zonas que se propone y que sean de interés del M. I. Municipio del cantón Guayaquil, deben realizarse estudios más detallados, poniendo énfasis en los aspectos socioeconómicos

REFERENCIAS BIBLIOGRÁFICAS.

Libros:

➢ CONSTITUCIÓN DE LA REPÚBLICA DEL ECUADOR. Editorial – Jurídica del Ecuador, edición (2012).

➢ CODIGO ORGÁNICO INTEGRAL PENAL, Registro Oficial N° 180 -- Lunes 10 de febrero de 2014

➢ Calderón, J. (2004). "Análisis Espacial de la distribución de la delincuencia en Guayaquil". Tesis de Grado ESPOL, Guayaquil, Ecuador.

➢ ESPINOSA, P/ CLEMENTE, M. "Teorías explicativas del delito desde la psicología jurídica", Dykinson, Madrid, 2001.

➢ ORELLANA Wiarco O. "Manual de Criminología", Editorial Porrúa, México, 1998.

➢ PEREZ, Álvaro. "Curso de Criminología", Editorial Temis, Bogotá Colombia. 1986.

➢ CLIRSEN (1998).- Mapa de Uso Actual del Suelo y Memoria Técnica del Cantón Guayaquil.

➢ Burrough, P.A., y McDonnell, R.A. (1998.) Principles of Geographical Information Systems. Oxford Univ. Press, New York.

➢ http://www.icm.espol.edu.ec/delitos/Archivos/reporte%20anual/Informe_ANUAL%202013.pdf

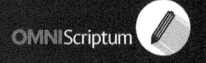

Printed by Books on Demand GmbH, Norderstedt / Germany